ミクロワールド大図鑑

昆虫

電子顕微鏡でのぞいてみよう！

宮澤七郎 ● 監修

医学生物学電子顕微鏡技術学会 ● 編

佐々木正己 ● 編集責任

小峰書店

昆虫を見る

▶ヒメアカタテハ

▼ウスバシロチョウ

▼ルリモンハナバチ

クロアゲハ

　昆虫は、人間に発見され名前をつけられたものだけでも100万種以上います。地球の全動物の70％以上は昆虫で、地球は「虫の惑星」とよばれることもあります。

　昆虫の祖先がこの地球にあらわれたのは今から4億年から3億5000万年前ごろといわれています。そのころはムカデのようなからだをしていましたが、やがて羽をもち、鳥たちより5000万年も早く空に飛びたちました。その後、植物が進化して花をつけるようになると、昆虫は花粉を運んで、花が種子をつくってなかまを増やすのを助けるようになりました。さらに、植物が昆虫に食べられないようにくふうをこらすようになると、昆虫もこれに対応して多様な進化の道をたどっていったのです。

　1mmの100万分の1の大きさのものも見ることができる電子顕微鏡で昆虫のからだをのぞいてみると、昆虫がここまで大きく繁栄した秘密がみえてきます。そんなおどろきの昆虫のミクロワールドを、ぜひ、いっしょに探検してみましょう。

◀アカスジカメムシ　　　キアゲハ▶

昆虫の進化

環境の変化や、ほかの生物との生きるための競争に打ち勝つため、昆虫は大きな変化をとげてきました。

昆虫の祖先のからだは、体節とよばれる節がいくつもつながった姿をしていました。やがて体節がまとまって、からだが頭部・胸部・腹部に分かれ、羽をもつようになりました。また、昆虫は脱皮をくりかえして成長していきますが、なかには、さなぎになってから成虫になるものも出てきました。

体節をもつ動物があらわれる

- ミミズ／ヒル
- ムカデ類
- クマムシ
- クモ類
- 甲殻類
- トビムシ／コムシ
- イシノミ（原始的な昆虫）

羽ができる

- トンボ／カゲロウ

羽をたたむようになる

- カマキリ／ゴキブリ
- バッタ／ナナフシ
- セミ／アブラムシ
- シラミ

さなぎになってから成虫になる

- チョウ／ガ
- ハエ／アブ
- ハチ
- カブトムシ／カミキリ

もくじ

昆虫を見る ——————— 2
昆虫の進化 ——————— 3

① 昆虫のつくりを見てみよう —— 6
② 眼を見てみよう ——————— 8
③ 触角を見てみよう —————— 10
④ 口を見てみよう —————— 12
⑤ あしを見てみよう —————— 14

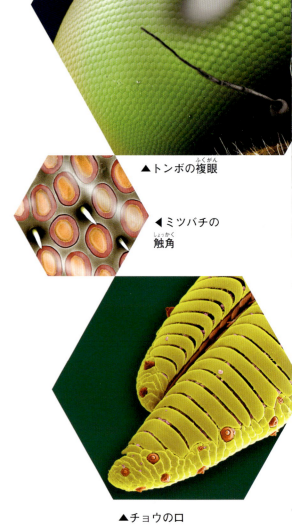
▲トンボの複眼
◀ミツバチの触角
▲チョウの口

⑥ 羽を見てみよう —————— 16
⑦ 皮膚と毛を見てみよう ——— 18
⑧ 消化器官を見てみよう —— 22
⑨ 呼吸器と心臓を見てみよう — 24

◀ヒメアカタテハの鱗粉

電子顕微鏡でのぞいてみよう！ミクロワールド大図鑑

- ⑩ **筋肉**を見てみよう ── 26
- ⑪ **神経**を見てみよう ── 28
- ⑫ **昆虫の誕生**を見てみよう ── 30
- ⑬ **昆虫の成長**を見てみよう ── 32
- ⑭ **おもしろい行動**を見てみよう ── 36

子どもミクロワールド写真館 ── 38
さくいん ── 40

▲スズメバチの筋肉

この本の見方

写真を撮影した顕微鏡の種類

 走査型電子顕微鏡
観察するものに電子線を当て、反射した電子をもとに画像を映しだす。

 透過型電子顕微鏡
観察するものに電子線を当て、通りぬけた電子をもとに画像を映しだす。

 光学顕微鏡
レンズによって、観察するものを拡大して見られるようにする。

昆虫の名前や部分
トンボ ×1900

写真に写っているものの倍率
「×1900」は、実物の1900倍の大きさという意味。
倍率が入っていない写真もあります。

電子顕微鏡の写真はもとは白黒ですが、この本では色をつけてあります。
この本の写真の色と実際の昆虫の色とは異なる場合もあります。

1 昆虫のつくり を見てみよう

昆虫のからだは、どうなっているのでしょうか。また、それぞれの器官は、どんな役目を果たしているのでしょうか。

◯ 頭部・胸部・腹部に分かれるからだ

昆虫のからだは、頭部、胸部、腹部の3つの部分に分かれるのが特徴です。頭部には複眼と単眼という2種類の眼と触角があり、胸部からは4枚(ハエなどは2枚)の羽と6本のあしがはえています。全身はかたい皮膚(外骨格)でおおわれていますが、幼虫から成虫になるまでに何度も脱皮します。

前羽

眼
2つの複眼と、1〜3個の単眼がある。➡8ページ

触角
2本の触角で、においなど周囲のようすを感じとる。➡10ページ

口
食べる物によって、あごや舌などの形がちがう。➡12ページ

あし
前あし、中あし、後ろあしが2本ずつある。歩いたり、跳んだりするほか、あしで音などを感じとる昆虫もいる。➡14ページ

筋肉
皮膚についていて、あしや羽などを動かす。➡26ページ

前あし　中あし

頭部 周囲の情報をさぐる触角や、情報を判断する脳などがある。

胸部 羽とあしを動かす筋肉が集まる。

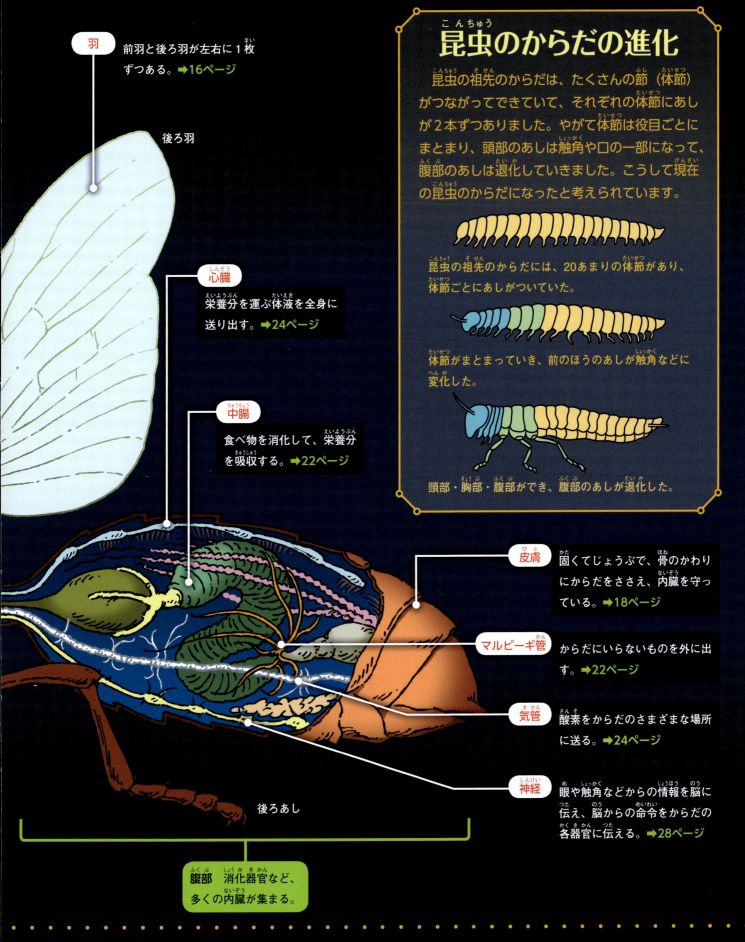

羽
前羽と後ろ羽が左右に1枚ずつある。➡16ページ

後ろ羽

昆虫のからだの進化

昆虫の祖先のからだは、たくさんの節（体節）がつながってできていて、それぞれの体節にあしが2本ずつありました。やがて体節は役目ごとにまとまり、頭部のあしは触角や口の一部になって、腹部のあしは退化していきました。こうして現在の昆虫のからだになったと考えられています。

昆虫の祖先のからだには、20あまりの体節があり、体節ごとにあしがついていた。

体節がまとまっていき、前のほうのあしが触角などに変化した。

頭部・胸部・腹部ができ、腹部のあしが退化した。

心臓
栄養分を運ぶ体液を全身に送り出す。➡24ページ

中腸
食べ物を消化して、栄養分を吸収する。➡22ページ

皮膚
固くてじょうぶで、骨のかわりにからだをささえ、内臓を守っている。➡18ページ

マルピーギ管
からだにいらないものを外に出す。➡22ページ

気管
酸素をからだのさまざまな場所に送る。➡24ページ

神経
眼や触角などからの情報を脳に伝え、脳からの命令をからだの各器官に伝える。➡28ページ

後ろあし

腹部 消化器官など、多くの内臓が集まる。

② 眼を見てみよう

昆虫には、複眼と単眼という2種類の眼があります。複眼は、個眼とよばれる小さな眼の集まりで、顔の両側に1つずつついています。単眼は、単純なしくみの独立した小さな眼で、複眼の間に1～3個あります。

◯ ものの形や色を見分ける複眼

数千から数万個の個眼が集まった複眼は、ものの形や色、動きを見分けています。1つ1つの個眼は、せまい範囲しか見られませんが、たくさん集まることで、広い範囲を見ることができるのです。また、複眼は、人間には見えない紫外線も見ることができます。

数万の眼が集まる

トンボのなかまは、とても大きな複眼をもっている。左右に張り出した複眼は、自分の背中まで見ることができる。

トンボ ×50

個眼のしくみ

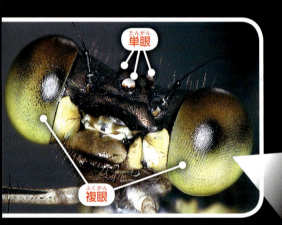

個眼は、六角形の角膜レンズの下に、晶子体と網膜細胞がついた、細長い形をしている。それぞれの個眼が見たものの情報は、神経を通じて脳に伝えられる。

複眼の断面。

水上と水中を見る2対の複眼

水上を見る複眼 / **水中を見る複眼** / **水上を見る複眼** / **水中を見る複眼**

ミズスマシ ×70

池やゆるやかな流れの川にすむミズスマシは、顔の上のほうに水上を見る複眼が左右に1つずつ、顔の下のほうに水中を見る複眼が、やはり左右に1つずつある。これによって、水面の上も下も見ることができる。

わずかな光も感じる単眼

セミ

単眼は、色や形を見分けることはできませんが、光を敏感に感じとることができます。これによって、昆虫は太陽や地面の方向を知ることができ、飛ぶときのからだのバランスを調節しています。また、脳も光を受けて、1日の時間を感じとる役目を果たしています。

単眼

複眼の間に、3つの単眼がある。単眼は感じとった情報を、複眼よりも短い時間で脳に伝えることができる。

③ 触角を見てみよう

多くの昆虫の頭部には、2本の触角があります。触角は、ものにさわって表面のようすを感じとったり、においをかいだりする役目をしています。触角の形は昆虫によってさまざまで、オスとメスでちがう場合も少なくありません。

周囲の情報を感じとるセンサー

触角は、昆虫がまわりのようすを知るための大切な器官です。触角にはたくさんの毛がはえていて、さわった感じやにおいのほか、味、温度、湿度、音、炭酸ガス（二酸化炭素）の濃さなど、昆虫によってさまざまなことを感じとっています。

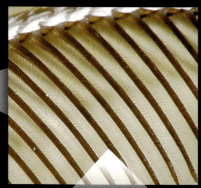

メスのにおいをするどくキャッチ

感覚毛

カイコガ ×330

性フェロモン腺

カイコガのメスのおしり。オスをよびよせる性フェロモンという物質を出している。オスは、これを1000億倍にうすめても、においを感じとることができる。

カイコガの触角には、くしの歯のようなものがはえていて、その1本1本に、さらに細かい感覚毛がはえている。カイコガのオスは、この感覚毛でメスのにおいなどをかぎわける。

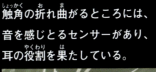

ミツバチ ×230

ミツバチの触角には、まわりの情報をキャッチするさまざまなセンサーがついている。

触角の折れ曲がるところには、音を感じとるセンサーがあり、耳の役割を果たしている。

- 音
- 振動
- におい
- 味
- 温度・湿度

触角で音を聞く

×2000

- 毛
- においを感じる

触角の表面には、丸いくぼみがたくさん見られる。これらは、においを感じるセンサーになっている。

触角でにおいをかぐ

ダンスで情報交換

ミツバチは、花などの食べ物のある場所をダンスでなかまに知らせます。ダンスをするとき、おしりをふって音を出し、その音の長さで食べ物までの距離を教えるのです。巣の中は暗いため、なかまのミツバチたちは触角をダンサーに近づけて音を聞き、食べ物のある場所へ飛んでいきます。ダンサーのからだについた花粉のにおいも触角でかぎわけます。

ダンスをするミツバチ

4 口を見てみよう

昆虫も口でものを食べます。ヒトが舌で味を感じとるのと同じように、虫の口にも味を感じるための味覚センサーがあります。なかには、口がえさをつかまえるための道具になっている昆虫もいます。

❂ 食べ物によって口の形がちがう

昆虫の口には、大きく分けて、食べ物をなめとるタイプ、液体を吸いとるタイプ、歯が発達していて、ものをかみくだいて食べるタイプがあります。味覚センサーは、味をみるのに都合のよいところについています。

なめとるのに便利な口

ミツバチ ×140

ミツバチの口には細い毛のはえた舌があり、ミツをからめとって、なめとれるようになっている。舌の先はスプーンのようになっていて、少ない量のミツでもすくいとれる。

集団でミツをなめるミツバチ。

ミツを吸うストローのような口

チョウの口はストローのように細長くのびていて、ミツを吸いやすい。

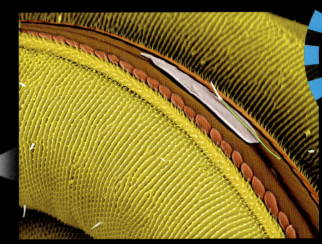

チョウの口の表面 ×300

チョウの口の表面には、細いみぞがたくさんあって、しまもようをつくっている。

チョウの口の先端 ×530

チョウの口の先のほうには、甘みを感じる敏感なセンサーがある。ここで味を感じなくなると、ミツを吸い終えたことがわかる。

甘みを感じるセンサー

チョウの幼虫の口 ×55

幼虫が口をあけたところ。左右に2つずつある突起で味を感じとり、食べる葉をまちがえないようにしている。

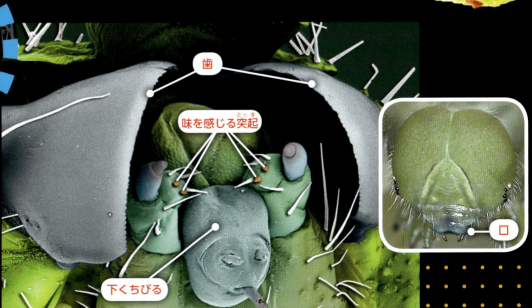

歯

味を感じる突起

下くちびる

口

5 あし を見てみよう

昆虫の胸部には、前あし、中あし、後ろあしが2本ずつついています。それぞれのあしには関節があって、歩いたり、跳んだり、いろいろな動きができるようになっています。

すむ場所によって使い方はいろいろ

昆虫は、6本のあしを上手に使って歩きます。また、すんでいる場所や生活のしかたによって、土をほる、えものをつかまえるなど、あしは、いろいろな働きができるように変化しています。

筋肉モリモリの前あしでトンネルをほり進む

ケラの前あし ×60

×130

ケラは、しめった場所で穴をほってくらしている。ケラの前あしは筋肉がとても発達していて、つめで土を力強くおしわけ、トンネルをほり進んでいく。

つめのはしはギザギザしていて、土の中の植物の根などを断ち切ることができる。

あしで花粉のだんごをつくる

ミツバチの後ろあし ×100

花粉かご

花粉圧縮器

ミツバチの後ろあし
花粉かご
花粉圧縮器

ミツバチは、後ろあしの花粉圧縮器で花粉とミツをまぜておしかためてから、その上にある花粉かごで、だんごにする。こうすると花粉をこぼさずに、巣まで運ぶことができる。

イタドリハムシのあし ×100

天井にはりつくあし

イタドリハムシは、イタドリなどの植物の葉をよく食べる。あしには、先の広がった毛がびっしりはえ、その毛からベタベタした油が出るため、天井やガラス窓でもすべらずに歩くことができる。

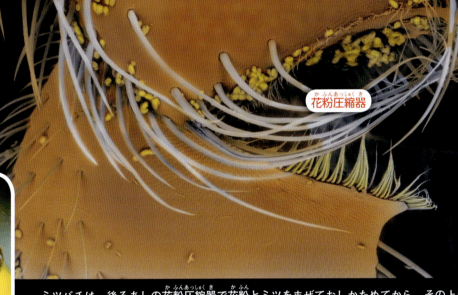

×880

6 羽を見てみよう

昆虫の羽は、胸部の背中側からはえています。ほとんどの昆虫は羽を4枚もっていますが、ハエのように2枚しかもたないものや、働きアリのように羽をもたないものもいます。

✤ 羽で飛ぶことで増えていった

昆虫は羽をもち、飛べるようになったことで、敵から逃げたり、遠くでも食べ物を見つけたりできるようになり、なかまを増やすことができました。カブトムシのような固い羽は、身を守るのにも役立っています。たいていの昆虫は羽をたたむことができますが、トンボのようにたためない昆虫もいます。

2枚の羽をつなぐフック

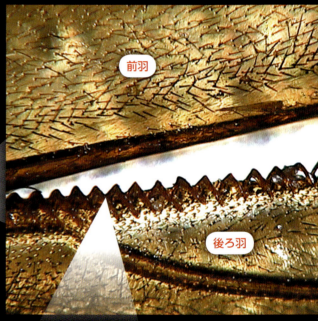

前羽

後ろ羽

ここを前羽にひっかける

ハチやセミは、飛ぶときに前羽と後ろ羽をフックのようなものでつなぐ。これによってより力強く羽ばたくことができる。飛ばないときはフックをはずし、たたんで小さくしておく。

スズメバチの後ろ羽 ×375

軽さのヒミツは羽の中の空気

トンボ ×100

翅脈

翅脈の断面

×400

トンボの羽はとてもうすく、翅脈とよばれる細かい筋が見られる。翅脈の中は空洞で空気が入っていて、羽がより軽くなっている。

すぐにはがれる鱗粉

ヒメアカタテハの羽には、水をはじく鱗粉がきれいにならんでいる。鱗粉は鳥におそわれたときなどには、簡単にとれるようになっている。

ヒメアカタテハ ×400

×1100

ここがとれる

羽の誕生

昆虫の羽は、胸部の皮膚の一部が変化してできたと考えられています。原始的な昆虫で、羽をもたないイシノミの胸部には、小さな突起が見られます。これが、のちに羽に進化したのです。

小さな突起

眼

7 皮膚と毛 を見てみよう

昆虫には骨がありません。皮膚が骨のかわりにからだをささえ、内臓などを守っています。皮膚にはえている毛は、からだを守ったり、まわりの情報を集めたりしています。

✦ からだを守るじょうぶな皮膚

コガネムシのようにさわると固い昆虫はもちろん、やわらかいチョウの幼虫などでも、皮膚は骨のようにからだをささえる役目を果たしています。また、皮膚の表面から油などが出て、雨の水をはじき、からだの中が乾燥するのをふせいでいます。さらに、皮膚の表面からはえている毛で、からだを守ったり、外のようすを感じとったりしています。

セミの皮膚 ×600

＼油を出して／
＼水をはじく／

- 毛
- 表皮
- 油などを出す穴

昆虫の皮膚は、いくつかの層でできている。いちばん表面にある表皮にはたくさん穴があいていて、油などを出して水をはじく。

アゲハの幼虫の皮膚 ×940

毛

水をはじく突起

サンゴのような皮膚

アゲハの幼虫の皮膚には、海のサンゴのような形の細かい突起が見られる。この突起は、水をはじくのに役立っている。

ヒトの皮膚をかぶれさせる毒針毛

毒針毛

毒針毛がぬけたあと

チャドクガの幼虫の毒針毛 ×570

チャドクガの幼虫のからだには、毒をもつ針のような毛がたくさんはえている。これにヒトがふれると、皮膚がかぶれるなどの症状が出る。

19

イシノミの鱗片 ×100

色を変えて
からだをかくす

たくさんの毛が
からだを守る

イシノミの毛 ×530

イシノミは大木の根元や岩の下などにすむ。からだの表面は、鱗片という、うろこのようなものでおおわれ、よろいのようにも見える。鱗片は場所によって色が変わり、からだを目立たなくして身を守るのに役立っている。

イシノミのからだには、いろいろな太さの毛がはえている。なかには、外の情報をキャッチするための感覚毛もある。

羽毛のように温かい

働きバチの毛 ×470

枝分かれした毛

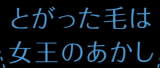

働きバチの胸部の毛は細長く、いくつにも枝分かれしていて、温度を保つのに役立っている。

とがった毛は女王のあかし

とがった毛

女王バチの胸部と腹部の毛はとがっている。巣に女王バチが2匹以上生まれ、女王バチどうしで戦うときは、このとがった毛で相手が女王バチであることを確かめる。

女王バチの毛 ×400

2匹の女王バチが戦うようす。

8 消化器官を見てみよう

昆虫も、ヒトと同じように、食べ物を消化して栄養分を吸収します。そして、からだにいらないものは、便や尿としてからだの外に出します。

✺ 成長すると消化器官は退化

昆虫の消化器官は、食べる物によって変化します。たとえばチョウは、幼虫の間は葉をたくさん食べるので中腸などの消化器官は大きく、からだの大部分をしめています。しかし成虫になると、ミツしか吸わないので、消化器官は小さくなります。体内の不要なものは、マルピーギ管というところに集められ、からだの外に出されます。

アゲハの消化器官

幼虫 成長するのに大量の葉を食べるため、消化器官の中腸がからだの大部分をしめている。

中腸／マルピーギ管

成虫 成虫になると、食事はミツを吸うだけになるため、消化器官は小さくなっている。

クロアゲハの成虫の消化器官

黄緑色の部分が成虫の消化器官。ここで食べ物を消化し、栄養分を吸収する。

おしっこを出す管

スズメガの幼虫のマルピーギ管

腹部のマルピーギ管は、体内のいらないものを、おしっことしてからだの外に出す働きをしている。

消化器官

栄養分を吸収する管

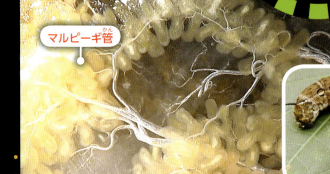

マルピーギ管

食道でミツを運ぶミツバチ

ミツバチは、食べ物が通る食道の一部を風船のようにふくらませることができます。これは「蜜胃」とよばれ、中に体重の半分近くの重さのミツを入れて運ぶことができるのです。ミツは巣のなかまみんなのものなので、巣に持ち帰ると貯蔵係のハチにわたします。

蜜胃と中腸の間には弁があり、一部しか中腸に入らないようになっている。そのわずかなミツが、そのハチの食料になる。ミツバチは1gのミツで、1000kmも飛ぶことができる。

食べ物から栄養分を吸収

スズメバチの中腸

スズメバチは、ほかの昆虫やクモなどを食べる。中腸では、消化液を出して、食べ物から栄養分を吸収する。

スズメバチの脂肪体 ×100

脂肪体はおもに腹部にある器官。ヒトの肝臓にあたり、たんぱく質や脂肪などの栄養分をたくわえておき、必要なときに使えるようにする。

⑨ 呼吸器と心臓
を見てみよう

昆虫もヒトと同じように、呼吸をして酸素を取り入れています。また、栄養分は体液によって運ばれ、心臓が体液をおし出すポンプの役割をしています。

☼ 酸素や栄養分を運ぶ管

昆虫は、からだの表面にある気門から酸素を取り入れ、気管で運んでいます。気管の中は空洞で、酸素を気体の状態のままとどけているのです。また、背中側には血管のような管もあり、栄養分を運ぶ体液が流れています。体液は、管の一部である心臓から全身におし出されます。

昆虫の気管と心臓

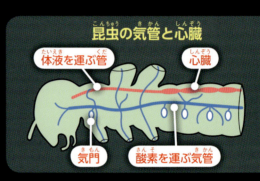

体液を運ぶ管／心臓／気門／酸素を運ぶ気管

酸素を運ぶ気管は、からだ全体をめぐっている。体液を運ぶ管は、背中側を通っていて、腹部では心臓の役目を果たしている。

からだの横に口がある

ここから酸素を取り入れ、いらなくなった二酸化炭素を放出する。ごみなどが入らないようにするフィルターがついていて、開けたり閉じたりできる。

アゲハの幼虫の気門 ×190

気門

気管 ×70

気管のかべはらせん状になっていて、掃除機のホースのように、曲がってもつぶれにくくなっている。

全身をめぐる透明パイプ　ガの幼虫の気管

気管

中腸の表面に、透明な気管が走っている。酸素は気管を通って、からだ中の細胞にとどけられる。

魚のようにエラ呼吸　カゲロウの幼虫のエラ ×60

水中にすむカゲロウの幼虫は、からだの両側にたくさんの小さなエラがある。これを使って、呼吸をしている。

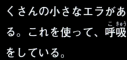

エラ

体液を送るポンプ　スズメバチの心臓 ×35

体液が流れるところ

スズメバチの心臓は、管のように細長い。写真はその一部。体液はこの心臓から全身に送り出される。

10 筋肉を見てみよう

昆虫の胸部は、筋肉のかたまりです。昆虫は、この筋肉をちぢませることによって、羽を動かして飛んだり、あしを動かして走ったり、はねたりしています。

筋肉が皮膚にくっついている

ヒトの筋肉（骨格筋）は骨についていますが、固い皮膚が骨のかわりをしている昆虫では、筋肉は皮膚についています。昆虫の筋肉もヒトの筋肉と同じで、細長い筋線維（筋肉の細胞）が束になっています。そして、筋肉のまわりには、脳からの運動の命令を伝える神経が張りめぐらされています。

スズメバチ ×150

消化器官 / 筋肉

スズメバチの胸部のようす。胸部は筋肉のかたまりで、これらを動かして力強く羽ばたく。

細長い筋肉が束になっていて、そのまわりに神経がある。神経から命令が伝えられると、筋肉の束がちぢんだりもどったりして運動がおこる。

からだを動かす筋肉の束

筋肉 / 神経

トンボ ×1900

ミトコンドリア

筋原線維

トンボの羽を動かす筋肉の断面。筋肉にはエネルギーをつくりだすミトコンドリアがたくさんある。

筋線維の断面。筋線維は、さらに細い筋原線維が集まってできていることがわかる。（×1万2000）

筋肉の力強さのみなもと

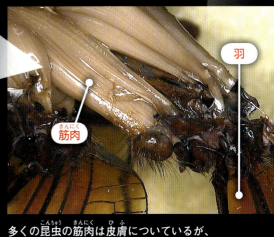

羽

筋肉

多くの昆虫の筋肉は皮膚についているが、トンボでは、いくつもの束になった強力な筋肉が羽に直接ついている。そのため、4枚の羽を別々に動かすことができる。

鳴き声をひびかせる

背中側

筋肉

セミ

セミの胸部から腹部にかけての筋肉の断面。この筋肉を動かすことによって、背中側にある膜を振動させて鳴き声を出す。

11 神経を見てみよう

昆虫が眼で見たり、触角でふれたりして知ったことは、神経を通じて脳に伝えられます。脳はそれらの情報をもとに判断して、筋肉に運動をするよう命令を出しています。

昆虫のからだをコントロールする脳

昆虫のからだは、体節ごとに神経節とよばれる、神経細胞が集まったところがあります。頭部の複眼と複眼の間にある神経節は脳にあたり、からだの各器官からの情報を受けとったり、運動の命令を出したりしています。

脳の視葉は眼からの情報を、触角葉は触角からの情報をあつかう。脳や神経節では、ほかに味やにおいなどの情報も処理している。

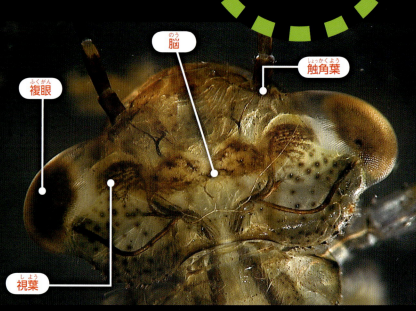

トンボの幼虫（ヤゴ）の脳

眼や触角からの情報を受けとる

- 脳
- 触角葉
- 複眼
- 視葉

記憶をつかさどるキノコ体

ミツバチの脳はとても発達していて、高度な学習能力や記憶力をもち、数も数えられる。学習や記憶は、脳の中でもキノコ体とよばれる部分で行われる。

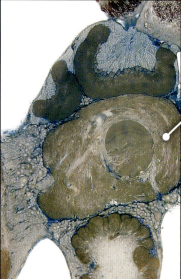

ミツバチの脳

キノコ体

スズメバチの神経 ×80

スズメバチの腹部の神経。神経節と神経節は、2本の長く太い神経で結ばれていて、はしごのように見える。長い神経は、細い神経線維が束になってできている。

はしごのような神経システム

神経
筋肉
神経節

ガの神経節

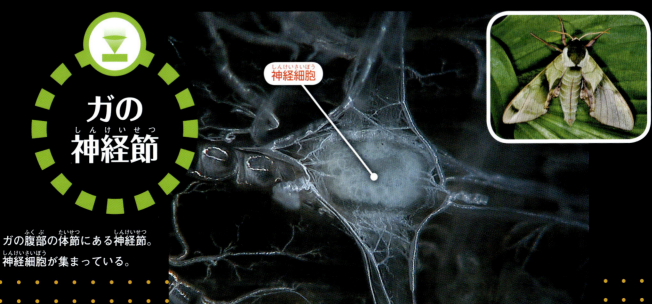

ガの腹部の体節にある神経節。神経細胞が集まっている。

神経細胞

12 昆虫の誕生
を見てみよう

メスの産んだ卵がオスの出した精子といっしょになると、卵が育って、子どもが生まれます。

◯ 卵を産んで、なかまを増やす

昆虫のメスには卵をつくる卵巣という器官が、オスには精子をつくる精巣という器官があります。卵が精子と結びつくことを受精といい、卵は受精すると成長しはじめます。ただ、昆虫は育つ途中で死んでしまうことが多いので、一度にたくさんの卵を産みつけます。また、なかには、卵ではなく子虫を産むアブラムシのような昆虫もいます。

カイコガの卵 ×1200

＼ 一度にたくさんの卵を産む ／

交尾中のカイコ。オス（右）の精子がメス（左）に受けわたされる。

カイコガのメスが卵を産んでいるところ。カイコガは一度に約1000個の卵を産む。

卵には小さい穴があいている。この穴から精子が入り、受精する。穴のまわりには、花のようなもようがある。

オンブバッタの卵巣

オンブバッタのメスの卵巣。卵はここでつくられる。卵の中には幼虫の栄養分になる卵黄が入っている。また胚の部分には、親から受けついだ性質などを伝える遺伝子がある。

交尾中のオンブバッタ。上がオスで下がメス。

遺伝情報をのせた胚

オンブバッタの精巣

オンブバッタのオスの精巣。ここで精子がつくられる。精子が卵と結びつくと、子どもができる。

女王バチのおなか

ミツバチは数万匹が1つの巣で集団生活をしていますが、子どもを産む女王バチは1匹しかいません。女王バチの腹の中には大きな卵巣があって、毎日1500個もの卵を産みます。受精のうにはオスの精子を何年間も生きたままたくわえられるので、1度オスと交尾すると何回でも産卵することができるのです。

メスだけで子どもをつくる

春から夏まではアブラムシのメスは受精しないで子どもを産む。この時期の子どもは卵ではなく、虫の形をして生まれる。秋から冬はオスとメスが交尾して卵を産む。卵は冬をこし、春に幼虫になる。

アブラムシ

13 昆虫の成長を見てみよう

卵からかえった昆虫は、脱皮したり、形を変えたりしながら、だんだん成長していきます。

幼虫、さなぎを経て成虫に
～完全変態～

受精した卵は新しい命として育ちはじめ、やがて中から幼虫があらわれます。幼虫は脱皮をくりかえすことによってからだを大きくし、さなぎになります。そして、さなぎから出てきた成虫は、幼虫のころとはまったく姿がちがいます。このように、さなぎに変化してから成虫になることを完全変態といいます。キアゲハの成長のようすを見てみましょう。

産みつけられた直後のキアゲハの卵は黄色だが、やがて中の幼虫の黒いからだがすけて見えるようになる。5日ほどで幼虫が出てくる（孵化）。幼虫は、残ったからを食べて栄養にする。

古い頭　新しい頭

孵化のあと2回脱皮をした3齢幼虫。頭のすぐ後ろに、一回り大きくなった新しい頭が用意されている。

ぬぎすてた皮

3回脱皮をしたあとの4齢幼虫。頭が前より大きくなった。ふれると、黄色い角のようなものを出す。左にはぬぎすてた皮が見える。

糸をはいてからだをささえる

キアゲハのさなぎ ×70

木の枝

糸

×35

幼虫は木に糸をはいて、さなぎになるための足場をつくり、からだをささえる。

さなぎの背中側。からだがやわらかいうちに糸を通す。時間がたつと、からだがかたくなり、糸がはずれにくくなる。

チョウは、さなぎの間は何も食べず、動かない。さなぎになって12日目ごろになると、成虫になる準備ができた姿がすけて見える。

羽化して数時間たつと、羽もすっかりのびて固くなり、羽ばたけるようになる。

×50

アゲハのなかまは頭を上に、おしりを下にして、さなぎになる。おしりの部分は、自分がはいた糸でささえられている。

幼虫から成虫に〜不完全変態〜

昆虫の中には、さなぎにならないで、幼虫から成虫になるものもいます。これは、不完全変態とよばれます。セミも、幼虫から羽化して成虫になります。エゾゼミの幼虫の羽化のようすを見てみましょう。

夜 7時30分

地面からはい出たセミの幼虫が、モミジの木に登っていく。

夜 8時6分

葉にとまって動かなくなる。しばらくすると、背中がわれ始める。

夜 8時15分

からだがだいぶ出てくる。白い糸でからだをつっているように見える。

夜 9時9分

完全に出たあと。からだは、まだしめってやわらかい。

時間がたつと、からだがかわいて色もこくなる。

ぬけがらにくっつく白い糸

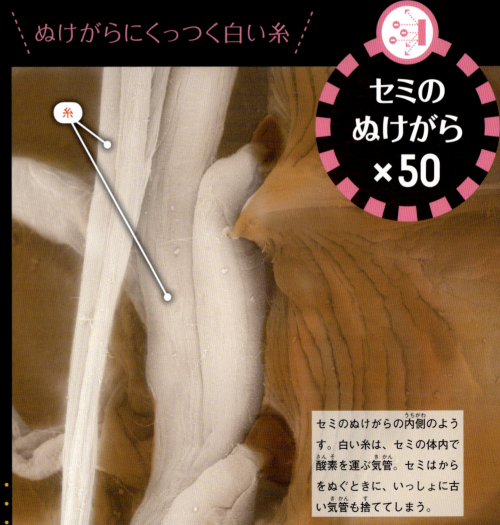

糸

セミのぬけがら ×50

セミのぬけがらの内側のようす。白い糸は、セミの体内で酸素を運ぶ気管。セミはからをぬぐときに、いっしょに古い気管も捨ててしまう。

変態のひみつ

昆虫は脱皮や変態によって生活の場を広げ、環境にからだを合わせていきます。また、昆虫は、変態をうまく行うために、さまざまなくふうをしています。

カイコガのさなぎ

光を感じる頭

皮膚がすけている

朝に羽化するカイコガは、脳で外からの光の量を感じとり、時間を知る。さなぎの頭部の皮膚は、脳が光を受けやすいようにすけている。

ゴマダラチョウのさなぎ ×70

糸にかぎをひっかけてぶらさがる

はき出した糸

さなぎ

かぎ状の突起

おしり

頭

ゴマダラチョウのさなぎのおしりには、先がかぎのように曲がった突起がある。さなぎは、木の枝にはきかけた細い糸を、おしりの突起に引っかけてぶら下がる。このしくみは、面ファスナーの発明のヒントになった。

14 おもしろい行動
を見てみよう

昆虫は、敵から身を守り、なかまを増やすために、さまざまなくふうをしています。

🔄 身を守るくふう

昆虫は、木の枝や葉をまねたり、おかしな形や色で相手をおどろかせたりして、身を守っています。また、ミツバチのように、集団で強い敵をたおすこともあります。

敵の眼をくらます

アケビコノハの幼虫

アケビコノハはガのなかま。幼虫のからだには目玉のような模様があり、これを目立たせるような独特のポーズをとって、鳥などをおどろかせる。

クワコの幼虫

クワコはカイコの祖先といわれる昆虫。上の写真は、幼虫が木の枝をまねて敵に見つからないようにしている。下の写真は、ヘビの顔をまねて敵をこわがらせている。

熱で敵を撃退

ニホンミツバチ

ニホンミツバチは、強敵のスズメバチなどを集団で取り囲み、高い熱を出して殺してしまう。中心の温度は47〜48℃になる。

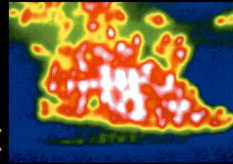

温度の分布。ニホンミツバチがスズメバチを取り囲んでいる場所は高温で、白や赤で示されている。

音で異性を見つける

昆虫は、オスとメスが出あって交尾すると子どもができ、なかまが増えます。チョウは美しい羽、ガはにおいで異性をひきつけますが、コオロギは羽で音を鳴らして異性をよびよせます。

ギザギザをすり合わせて演奏

コオロギの羽 ×650

コオロギの羽には、板のようなものが何枚もついている。これをすり合わせて、コロコロリーという鳴き声を出す。

コオロギの耳は前あしのすねにある。ここの鼓膜がふるえると、音を感じる。2つの耳がはなれていることによって、音が聞こえてくる方向を正確に知ることができる。

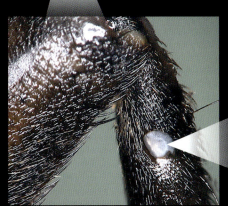

コオロギの鼓膜 ×1800

あしで音を聞く

子ども ミクロワールド写真館

幼稚園から小学校6年までの子どもたちが、電子顕微鏡を使ってミクロの世界の撮影に挑戦！
身近な昆虫のおどろきの姿を写した傑作が集まりました。

チョウの羽
埼玉県／笹本淳寛さん

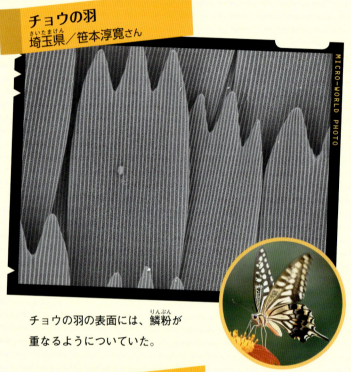

チョウの羽の表面には、鱗粉が重なるようについていた。

イチモンジセセリの眼
千葉県／土田武瑠さん

イチモンジセセリの複眼を観察したら、小さな個眼がたくさん見られた。

ミツバチのからだ
東京都／長谷川恒栄さん

毛がたくさんはえていて、ところどころに花粉もついていた。

ブユの口
長崎県／河室敦大さん

ブユの口は、人の皮膚をかみきるために、ハサミのような形になっていた。

アリの顔
東京都／紙田旬さん・健吾さん

アリの顔を見てみたら、2つの複眼と2本の触角が見られた。

アリの眼
東京都／阪田優人さん

アリの複眼には、小さな個眼がたくさん集まっていた。

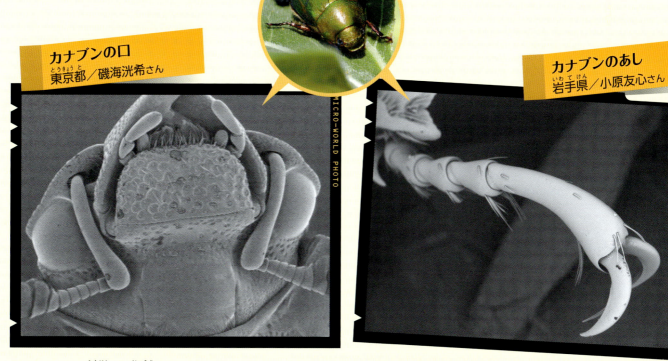

カナブンの口
東京都／磯海洸希さん

大きな2つの複眼と、樹液をなめるブラシのような口が見えた。

カナブンのあし
岩手県／小原友心さん

カナブンのあしには、するどいつめが2つついていた。

さくいん

あ
- アゲハ ... 19、24、33
- アケビコノハ ... 36
- あし ... 6、7、14、15、26、37、39
- アブラムシ ... 30、31
- アリ ... 39
- イシノミ ... 17、20
- イタドリハムシ ... 15
- イチモンジセセリ ... 38
- 羽化(うか) ... 33、34、35
- オンブバッタ ... 31

か
- ガ ... 25、29、36、37
- カイコガ ... 10、30、35
- カゲロウ ... 25
- カナブン ... 39
- 花粉(かふん)（花粉のだんご） ... 2、11、15、38
- 感覚毛(かんかくもう) ... 10、20
- 完全変態(かんぜんへんたい) ... 32
- キアゲハ ... 32、33
- 気管(きかん) ... 7、24、25、34
- 気門(きもん) ... 24
- 胸部(きょうぶ) ... 3、6、7、14、16、17、21、26、27
- 筋肉(きんにく) ... 5、6、14、26、27、28、29
- 口 ... 4、6、7、12、13、38、39
- クワコ ... 36
- クロアゲハ ... 22
- ケラ ... 14
- コオロギ ... 37
- 個眼(こがん) ... 8、38、39
- 呼吸器(こきゅうき) ... 24
- 鼓膜(こまく) ... 37
- ゴマダラチョウ ... 35

さ
- さなぎ ... 3、32、33、34、35
- 脂肪体(しぼうたい) ... 23
- 受精(じゅせい) ... 30、31
- 消化器官(しょうかきかん) ... 7、22、26
- 女王バチ ... 21、31
- 触角(しょっかく) ... 4、6、7、10、11、28
- 神経(しんけい) ... 7、8、26、28、29
- 神経節(しんけいせつ) ... 28、29
- 心臓(しんぞう) ... 7、24、25
- スズメバチ ... 5、16、23、25、26
- 精巣(せいそう) ... 30、31
- 成虫(せいちゅう) ... 3、6、22、32、33、34
- セミ ... 9、16、18、27、34

た
- 体液(たいえき) ... 7、24、25
- 体節(たいせつ) ... 3、7、28、29
- 脱皮(だっぴ) ... 3、6、32、35
- 卵(たまご) ... 30、31、32
- 単眼(たんがん) ... 6、8、9
- ダンス（ミツバチ） ... 11
- チャドクガ ... 19
- 中腸(ちゅうちょう) ... 7、22、23、25
- チョウ ... 4、13、18、22、33、37、38
- 頭部(とうぶ) ... 3、6、7、10、28、35
- トンボ ... 4、8、16、17、27、28

な
- ニホンミツバチ ... 36
- 脳(のう) ... 6、7、8、9、26、28、35

は
- 働(はたら)きバチ ... 21
- 羽(はね) ... 2、3、6、7、16、17、26、27、37、38
- 皮膚(ひふ)（外骨格(がいこっかく)） ... 6、7、17、18、19、26、27、35
- ヒメアカタテハ ... 4、17
- 孵化(ふか) ... 32
- 不完全変態(ふかんぜんへんたい) ... 34
- 複眼(ふくがん) ... 4、6、8、9、28、38、39
- 腹部(ふくぶ) ... 3、6、7、21、22、23、24、27、29
- ブユ ... 38
- 変態(へんたい) ... 35

ま
- マルピーギ管(かん) ... 7、22
- ミズスマシ ... 9
- 蜜胃(みつい) ... 23
- ミツバチ ... 4、11、12、15、23、28、31、36

や
- 幼虫(ようちゅう) ... 6、13、18、19、22、24、25、31、32、33、34、35、36

ら
- 卵巣(らんそう) ... 30、31
- 鱗粉(りんぷん) ... 4、17、38
- 鱗片(りんぺん) ... 20

【監修】
宮澤七郎………医学生物学電子顕微鏡技術学会　名誉理事長・
　　　　　　　最高顧問

【編集】
医学生物学電子顕微鏡技術学会

【編集責任】
佐々木正己……玉川大学名誉教授

【編集委員】
宮澤七郎
佐々木正己
関　啓子………元東京慈恵会医科大学特任教授

【執筆・写真撮影】
佐々木正己
宮澤七郎

【写真撮影・提供・画像処理】
医学生物学電子顕微鏡技術学会
根本典子………北里大学医学部バイオイメージング研究センター
川里浩明………大分大学全学研究推進機構実験実習機器部門
安田愛子………大分大学全学研究推進機構実験実習機器部門
山村　聖
森下展子
大森　実………有限会社光原社

【企画・編集】
渡部のり子・小嶋英俊（小峰書店）
常松心平・飯沼基子（オフィス303）

【装丁・本文デザイン】
T.デザイン室（倉科明敏）

【本文イラスト】
つちもち　しんじ
小池菜々恵

【写真協力】
amanaimages…P.8・9・11・16・17・21・23・27・28・33・35・38
photolibrary…P.15・17・18・19・22・24・25・26・28・29・31・
　　　　　　　37・38・39

**医学生物学
電子顕微鏡技術学会**

医・歯・薬・理・工・農学の分野の研究者・技術者が、電子顕微鏡の技術の発展や研究成果の普及、学術交流のために活動しています。社会貢献のひとつとして、毎年「子ども体験学習」も開催しています。

ミクロワールド大図鑑

昆 虫

2016年2月24日　第1刷発行

監修者　宮澤七郎
発行者　小峰紀雄
発行所　株式会社小峰書店
　　　　〒162-0066 東京都新宿区市谷台町4-15
　　　　TEL 03-3357-3521　FAX 03-3357-1027
　　　　http://www.komineshoten.co.jp/
印刷・製本　図書印刷株式会社

©Shichiro Miyazawa, Komineshoten
2016　Printed in Japan
NDC 460　40p　29×23cm
ISBN978-4-338-29803-2

乱丁・落丁本はお取り替えいたします。
本書のコピー、スキャン、デジタル化等の無断複製は著作権法上での例外を除き禁じられています。本書を代行業者等の第三者に依頼してスキャンやデジタル化することは、たとえ個人や家庭内での利用であっても一切認められておりません。